Brice Sounna Zeuguim
Mama Mouchili

# Manual de criação de galinhas poedeiras comerciais

Brice Sounna Zeuguim
Mama Mouchili

# Manual de criação de galinhas poedeiras comerciais

## Estudo comparativo de duas estirpes de poedeiras na fase de criação.

**Imprint**

Any brand names and product names mentioned in this book are subject to trademark, brand or patent protection and are trademarks or registered trademarks of their respective holders. The use of brand names, product names, common names, trade names, product descriptions etc. even without a particular marking in this work is in no way to be construed to mean that such names may be regarded as unrestricted in respect of trademark and brand protection legislation and could thus be used by anyone.

Cover image: www.ingimage.com

This book is a translation from the original published under ISBN 978-620-6-70972-5.

Publisher:
Sciencia Scripts
is a trademark of
Dodo Books Indian Ocean Ltd. and OmniScriptum S.R.L publishing group

120 High Road, East Finchley, London, N2 9ED, United Kingdom
Str. Armeneasca 28/1, office 1, Chisinau MD-2012, Republic of Moldova, Europe
Printed at: see last page
ISBN: 978-620-8-21737-2

# ÍNDICE DE CONTEÚDOS

# DEDICAÇÃO

*Os meus pais*

# INTRODUÇÃO

Na África subsaariana, a procura de ovos de mesa está em constante crescimento, sendo a produção local muito inferior à procura, o que se deve a vários factores, entre os quais a escolha de uma estirpe com elevado potencial de produção e adaptada ao nosso meio. Nestes países africanos são utilizadas várias estirpes de galinhas poedeiras importadas, e a literatura fornece muito pouca informação sobre qual a estirpe mais bem adaptada e com melhor desempenho no nosso ambiente, apesar de este parâmetro ser muito importante para os produtores locais que querem aumentar os seus rendimentos.

Este manual de criação está dividido em duas partes. A primeira parte é uma literatura sobre as técnicas de criação de galinhas poedeiras comerciais e nesta parte descrevemos as técnicas de alojamento, alimentação e profilaxia sanitária. Na segunda parte, realizámos um estudo comparativo do desempenho do crescimento de duas estirpes de galinhas poedeiras comerciais na fase de criação no oeste dos Camarões, com o objetivo principal de melhorar o conhecimento das estirpes de galinhas poedeiras adaptadas ao nosso ambiente. Este trabalho permitirá, portanto, que os produtores façam uma melhor escolha das estirpes a utilizar para melhorar o desempenho.

# CAPÍTULO I CRIAÇÃO DE GALINHAS POEDEIRAS COMERCIAIS

## I-  INFORMAÇÕES GERAIS SOBRE AS GALINHAS POEDEIRAS COMERCIAIS

### I.1 Definição de camada comercial e alguns exemplos

As galinhas poedeiras comerciais são selecionadas para uma produção económica. Têm um elevado potencial de produção de ovos (mais de 300 ovos às 80 semanas) e são muito resistentes. Na África tropical, a maior parte das estirpes comerciais são importadas da Europa por países que investiram recursos financeiros substanciais na investigação para desenvolver as suas próprias estirpes. Assim, em função das necessidades do mercado, existem várias categorias de estirpes de poedeiras:

> **Estirpes que produzem ovos vermelhos, como a Lohmann Brown, Isa Brown, Norvogen Brown, Hy-line Brown...**

> **Estirpes que produzem ovos brancos, tais como Lohmann White, Isa White, Norvogen White...**

> **As estirpes serão também selecionadas de acordo com o tamanho dos seus ovos.**

### I.2 Algumas caraterísticas das galinhas poedeiras comerciais

| DURANTE O PERÍODO DE REPRODUÇÃO | Viabilidade no período de criação (antes da postura) entre 97% e 98%. |
|---|---|
| | Consumo às 20 semanas entre 6,5 kg e 7,5 kg |
| | Peso às 20 semanas entre 1,5 kg e 1,7 kg |
| DURANTE O PERÍODO DE PRODUÇÃO DE OVOS | Começa a postura entre as 18 e as 20 semanas |
| | Pico de postura de ovos entre 94% e 96%. |
| | Consumo de ração durante a postura entre 105 e 120 gramas por dia |
| | A viabilidade da postura dos ovos situa-se entre 94% e 96%. |
| | Número de ovos às 80 semanas entre 300 e 350 |

## I.3 EDIFÍCIOS PARA GALINHAS POEDEIRAS

### I.3.1 Caraterísticas dos edifícios de criação de galinhas poedeiras

Os edifícios de criação de galinhas poedeiras devem cumprir uma série de requisitos para garantir o seu bem-estar. Estes requisitos incluem

- **Proteger as galinhas das intempéries (chuva, sol, etc.);**
- **Proteção contra roedores e aves portadores de doenças;**
- **Altura do edifício entre 2,5 e 3 m;**
- **Posição perpendicular ao vento dominante;**
- **Altura do muro ao longo do comprimento perpendicular ao vento dominante de 0,5 m a 0,75 m e o restante de 2 m ou 2,5 m protegido;**
- **Um pedilúvio à entrada;**
- **Disponibilizar uma loja de rações e de ovos;**
- **Fácil acesso para veículos;**
- **Construído longe de outras quintas e cidades para evitar o ruído;**

### I.3.2 Os diferentes tipos de edifícios para a criação de galinhas no solo

Existem diferentes tipos de edifícios para o alojamento de galinhas, consoante a idade das aves e os requisitos climáticos do ambiente de criação. Existem edifícios de criação de pintos e edifícios de produção.

Os pavilhões para pintos são edifícios concebidos para a criação de pintos durante o seu primeiro mês. Estes edifícios devem ser capazes de regular a temperatura ambiente, que deve diminuir (de 36°C para 20°C) da primeira à sexta semana, em função das necessidades térmicas dos pintos. Nestes edifícios, para além de comedouros e bebedouros adaptados aos pintos, haverá também sistemas de aquecimento para regular a temperatura ambiente. Exemplos de equipamentos de aquecimento incluem aquecedores radiantes eléctricos ou a gás e fornos a lenha. Estes edifícios são geralmente fechados com um sistema de ventilação controlado.

Os edifícios de produção são construídos para satisfazer as necessidades da galinha durante o período de postura. Existem dois tipos principais de edifícios:

> **Os edifícios abertos são construídos para a ventilação natural, sendo colocados perpendicularmente aos ventos dominantes para permitir a evacuação dos odores e a ventilação correta do edifício.**

> **Os edifícios fechados dispõem de um sistema de ventilação artificial. Todos os parâmetros ambientais são monitorizados.**

**Foto 1**:Celeiro aberto

### I.3.3 Alojamento de galinhas em gaiolas

O alojamento de galinhas poedeiras em gaiolas resolveu o problema da escassez. [2]Ao empilhar as galinhas nas gaiolas, podemos aumentar o número de galinhas por metro de superfície.

### I.3.3.1 Descrição das gaiolas para galinhas

As gaiolas são de malha de arame e são feitas de arame de aço galvanizado, o que permite a circulação do ar. O pavimento é ligeiramente inclinado e é prolongado por um cesto para enrolar os ovos, suficientemente afastado e isolado das galinhas para evitar que estas piquem os ovos. Este pavimento, que deve suportar o peso das galinhas, deve ser rígido, pois contribuirá também para o bem-estar das galinhas.

Os bebedouros com pipetas individuais deveriam ser colocados no fundo da gaiola e não por cima da ração.

[2]Cada galinha deve ocupar um espaço mínimo de 450 cm na gaiola.

À entrada das gaiolas, deve existir um comedouro linear que pode ser alimentado automaticamente através de um sistema de correntes. Também pode receber alimentação manualmente.

As gaiolas podem ser empilhadas em blocos de três ou quatro para formar o que é conhecido como baterias de gaiolas. Entre cada bloco pode ser instalado um sistema de recolha de excrementos. Dependendo do grau de automatização das baterias, teremos:

> Um sistema manual de recolha de excrementos constituído por placas fixas;

> Um sistema de recolha de excrementos constituído por um longo tapete rolante que receberá os excrementos das galinhas e que permitirá evacuar os excrementos no final das baterias.

### I.3.3.2 Descrição dos sistemas de baterias de duas gaiolas

### I.3.3.2.1 Sistema semi-californiano ou californiano próximo

No sistema semi-californiano, as gaiolas são empilhadas umas sobre as outras, 10 a 20 cm acima do solo. Os tectos das gaiolas inclinam-se ligeiramente para o centro e são cobertos por placas de proteção sobre as quais caem os excrementos das galinhas dos andares superiores. Os excrementos caem num fosso.

Nesta disposição semi-californiana, as gaiolas estão empilhadas em forma de pirâmide.

### I.3.3.2.2 Dispositivo de sistema compacto

[2]Este sistema foi desenvolvido em países muito frios e permite atingir densidades mais elevadas de galinhas por m. Consiste em gaiolas empilhadas 2 a 2 umas contra as outras. Cada andar tem um sistema de recolha de excrementos, que pode ser um tapete rolante.

### I.3.3.3 Vantagens do alojamento de galinhas em baterias

As vantagens do sistema de gaiolas são muitas. Temos, entre outras:

> Empilhando as galinhas umas em cima das outras, é possível manter um grande bando numa área pequena;

- Se o sistema for automatizado, reduzirá a quantidade de mão de obra necessária em comparação com um sistema de cultivo no solo;

- Uma vez que as galinhas não podem entrar em contacto com os ovos, a quebra dos mesmos será reduzida;

- Neste sistema, os ovos não estão em contacto com os excrementos, pelo que são mais limpos e não serão contaminados pelos micróbios presentes nos excrementos, pelo que terão uma qualidade microbiana mais elevada do que os ovos das galinhas criadas no solo e que põem nos ninhos;

- A taxa de mortalidade das galinhas criadas em gaiolas é muito inferior à das galinhas criadas no solo, simplesmente porque não estão em contacto constante com os seus excrementos.

- A remoção constante de estrume reduzirá a carga parasitária no edifício;

- O consumo de ração das galinhas criadas em gaiolas é muito inferior ao das galinhas criadas ao ar livre, havendo também menos desperdício de ração;

- A taxa de postura das galinhas criadas em gaiolas é mais elevada do que a das galinhas criadas no solo.

**I.3.3.4 Desvantagens do sistema de alojamento de galinhas em bateria**

A criação de galinhas em gaiolas não tem apenas vantagens. Há também algumas desvantagens:

- Os excrementos das galinhas são constantemente removidos e deve ser criado um sistema de secagem para evitar a proliferação de odores;

- A criação deste sistema exige um nível de financiamento mais elevado do que a agricultura no terreno;

- Em caso de falha mecânica do sistema de recolha automática, o serviço de alimentação manual e a recolha manual de ovos serão muito difíceis;

- Má apresentação das galinhas de reforma, que têm uma plumagem muito pobre;

- O bem-estar das galinhas não é uma prioridade neste sistema. As galinhas são amontoadas em gaiolas e não têm poleiros para se exercitarem.

### I.3.4 Equipamento em galinheiros de chão

O equipamento descrito no presente documento destina-se à criação no solo em camas. Para a criação em bateria, o sistema de criação está equipado com comedouros com sistemas de abeberamento, recolha de ovos e recolha de excrementos.

Para a criação no solo, distinguimos entre equipamento para viveiros e equipamento para edifícios de produção.

#### I.3.4.1 Equipamento do sector dos frangos

O equipamento do viveiro deve ser adaptado à idade e às necessidades dos pintos. Existem comedouros, bebedouros, equipamentos de controlo da temperatura e equipamentos de iluminação. Todo este equipamento pode ser manual ou automático, consoante a modernidade da exploração.

##### I.3.4.1.1 Comedouros

Existem vários tipos diferentes de comedouros para pintos:

> **Tabuleiros circulares com um diâmetro de cerca de 40 cm;**

> **Caixas adaptáveis;**

> **Cadeias alimentares adaptadas aos pintos.**

##### I.3.4.1.2 Bebedores de chichi

Existem também bebedouros manuais com uma capacidade de 4 ou 5 litros de água e bebedouros automáticos, como as pipetas e os bebedouros com sifão. No caso dos bebedouros manuais, o serviço de abastecimento de água é manual, pelo que é necessário verificar o nível de água no bebedouro de cada vez que este é renovado. Os bebedouros automáticos, por outro lado, utilizam tubos para fornecer água de uma cisterna aos bebedouros e a água é automaticamente renovada no bebedouro de cada vez que os pintos bebem.

No que diz respeito ao número de animais por bebedouro, podemos dividi-los da seguinte forma:

> **Bebedouro manual circular de 4 ou 5 litros - 1 bebedouro para 100 pintos;**

> **Para as pipetas automáticas, utilizar 1 pipeta para 6 ou 8 pintos.**

### I.3.4.1.3 Equipamento de aquecimento para regular a temperatura ambiente

Existem vários tipos de sistemas de aquecimento para os edifícios pecuários, desde os modernos aos tradicionais. Os principais sistemas de aquecimento utilizados na África tropical são os seguintes:

> **Fornos a lenha, também conhecidos por brulot. Neste caso, o calor é produzido pela combustão da madeira no forno. O carvão vegetal também pode ser utilizado, mas é preciso ter em conta que o gás produzido pela combustão do carvão vegetal é o monóxido de carbono, que se liga à hemoglobina da mesma forma que o oxigénio, o que cria uma concorrência entre o oxigénio e o monóxido de carbono e pode provocar a asfixia dos pintos.**

> **Lâmpadas incandescentes de 100 W. Estas lâmpadas emitem calor suficiente para aquecer os pintos se forem instaladas a uma boa altura.**

> **Aquecedores radiantes eléctricos ou a gás. A vantagem aqui é que a temperatura pode ser facilmente ajustada.**

### I.3.4.1.4 Lixo

A cama também ajuda a manter os animais confortáveis, pelo que deve ser não tóxica para os pintos. Pode utilizar aparas de madeira não tratadas ou mesmo palha de erva.

### I.3.4.2 Equipamento para um edifício de produção

Nos edifícios de produção, haverá sempre comedouros e bebedouros, mas estes terão de ser adaptados à idade das galinhas em produção e respeitar normas específicas de criação. No caso dos bebedouros circulares automáticos, por exemplo, deve haver um para um máximo de 100 galinhas. Existem vários tipos de comedouros para adultos:

> **Comedouro linear de madeira para adultos;**

> **Comedouro sifão para adultos, 3 comedouros por 100 galinhas;**

> **Cadeia alimentar, 5 cm lineares por galinha na cadeia.**

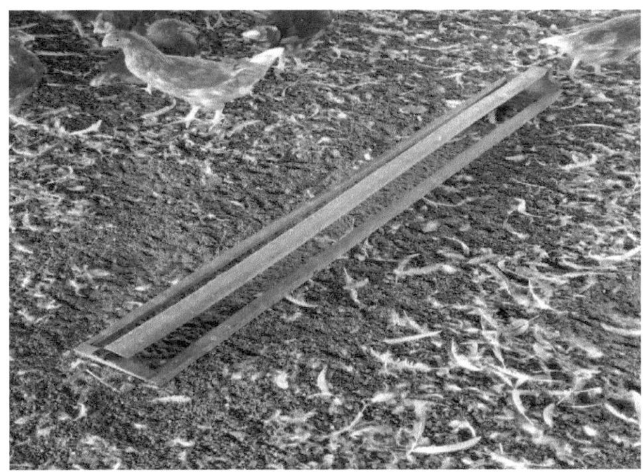

**Foto 2:** Alimentador linear de madeira

Para além dos bebedouros e dos comedouros, também são necessárias caixas de nidificação no edifício de produção. As galinhas põem os seus ovos nestes ninhos. Os ovos são recolhidos pelo menos duas vezes por dia. Deve haver pelo menos um ninho por cada seis galinhas. Juntamente com as caixas de nidificação, pode também ter poleiros, pois as galinhas gostam de se empoleirar, pelo que é necessário ter um poleiro no edifício para que elas possam praticar o seu comportamento natural.

**Foto 3a:** Caixa de nidificação múltipla

**Foto 3b:** Poleiros

### I.4 Alimentação das galinhas poedeiras comerciais

### I.4.1 Tipos de formulação de alimentos para galinhas poedeiras comerciais

Para garantir que as galinhas crescem de acordo com as normas exigidas, é importante dar-lhes uma alimentação de boa qualidade que satisfaça as suas necessidades nutricionais de acordo com a sua idade. Em geral, duas formulações de ração serão suficientes para a primeira fase da criação: uma ração inicial que será dada aos pintos até às 8 semanas de idade e uma ração de desenvolvimento, também conhecida como ração para frangas, que será dada até ao início da postura. Quando os pintos começam a pôr, as suas necessidades mudam, pelo que a formulação da ração tem de ser revista para as satisfazer. Dependendo do nível de produção, será dada uma ração de pré-postura até 5% de postura (entre as 19 e as 20 semanas), uma ração de primeira fase de postura até às 40 semanas, uma ração de segunda fase de postura até às 65 semanas e, finalmente, uma ração de terceira fase de postura a partir das 65 semanas até à reforma.

### I.4.1.1 Alimento inicial

O alimento de base é dado da primeira à oitava semana. Na fase de pintos, deve ser dado um alimento friável para incentivar uma boa ingestão sem separar as partículas grosseiras. Esta ração terá o teor energético e proteico mais elevado de todo o ciclo de postura, ou seja, um teor energético entre 2900 Kcal e 3000 Kcal e um teor proteico entre 20 e 21%. Isto assegura um crescimento rápido dos pintos. É de notar que, durante esta fase, um fornecimento de partículas muito finas ou uma quantidade muito grande de elementos grosseiros levaria a uma ingestão selectiva das partículas, resultando num fornecimento irregular de nutrientes. Neste contexto, como as necessidades não são cobertas, podemos esperar um crescimento fraco.

<u>**EXEMPLO DE FORMULAÇÃO DE UM ALIMENTO INICIAL**</u>

| Ingredientes | Quantidade (em Kg) | |
|---|---|---|
| milho | 600 | |
| Sêmea de trigo | 40 | |
| Bolo de algodão | 80 | |
| Farinha de soja | 100 | |
| Bolo de amendoim | 100 | |
| Bolo de palmiste | 10 | |
| concha | 10 | |
| Pó de osso | 10 | |
| 5% de pré-mistura | 50 | |
| **TOTAL** | **1000** | |
| Aditivo prebiótico | 2Kg/tonelada | |
| **Caraterísticas nutricionais** | Energia (Kcal) | 2860 |
| | Proteína bruta (%) | 20,2 |
| | Teor de gordura (%) | 3,9 |
| | Fibra bruta (%) | 6,09 |
| | Lisina (%) | 0,98 |
| | Metionina (%) | 0,38 |
| | Cálcio (%) | 1,1 |
| | Fósforo (%) | 0,5 |
| | | |

### I.4.1.2 Alimentos para o desenvolvimento ou para frangas

A mudança do alimento inicial para o alimento para frangas deve ser efectuada quando for atingido o peso recomendado pela norma relativa à estirpe. O alimento para frangas tem um teor energético e proteico inferior ao do alimento inicial, a fim de evitar a engorda e permitir que os órgãos internos da galinha se desenvolvam corretamente. Este alimento pobre em nutrientes é também benéfico na medida em que ajuda a desenvolver a capacidade de ingestão da galinha.

<u>**EXEMPLO DE FORMULAÇÃO DE UM ALIMENTO PARA FRANGAS**</u>

| Ingredientes | | Quantidade (em Kg) |
|---|---|---|
| milho | | 570 |
| Sêmea de trigo | | 100 |
| Bolo de algodão | | 60 |
| Farinha de soja | | 70 |
| Bolo de amendoim | | 70 |
| Bolo de palmiste | | 60 |
| concha | | 10 |
| Pó de osso | | 10 |
| 5% de pré-mistura | | 50 |
| **TOTAL** | | **1000** |
| Aditivo prebiótico | | 2Kg/tonelada |
| **Caraterísticas nutricionais** | Energia (Kcal) | 2720 |
| | Proteína bruta (%) | 18,2 |
| | Teor de gordura (%) | 3,6 |
| | Fibra bruta (%) | 6,6 |
| | Lisina (%) | 0,86 |
| | Metionina (%) | 0,35 |
| | Cálcio (%) | 1,1 |
| | Fósforo (%) | 0,56 |
| | | |

### I.4.1.3 Alimentação pré-cozimento

Esta ração tem um teor de cálcio de cerca de 2%, o dobro da ração para frangas, e um teor de proteínas mais elevado. [ième] Deve ser dado por volta das 18 semanas, ou seja, duas semanas antes da postura. Este alimento permite que a galinha armazene melhor o cálcio para apoiar o período de postura que se aproxima. Para as frangas precoces, este alimento satisfaz as necessidades de cálcio ligadas à formação da casca do ovo, e para as frangas que sofreram atrasos no seu crescimento, ajuda-as a recuperar o atraso, uma vez que contém mais nutrientes do que o alimento de desenvolvimento.

<u>**EXEMPLO DE FORMULAÇÃO DE ALIMENTOS PRÉ-PONTE**</u>

| Ingredientes | Quantidade (em Kg) | |
|---|---|---|
| milho | 550 | |
| Sêmea de trigo | 80 | |
| Bolo de algodão | 80 | |
| Farinha de soja | 80 | |
| Bolo de amendoim | 70 | |
| Bolo de palmiste | 40 | |
| concha | 40 | |
| Pó de osso | 10 | |
| 5% de pré-mistura | 50 | |
| **TOTAL** | **1000** | |
| Aditivo prebiótico | 2Kg/tonelada | |
| **Caraterísticas nutricionais** | Energia (Kcal) | 2669 |
| | Proteína bruta (%) | 18,7 |
| | Teor de gordura (%) | 3,6 |
| | Fibra bruta (%) | 6,3 |
| | Lisina (%) | 0,9 |
| | Metionina (%) | 0,36 |
| | Cálcio (%) | 2,25 |
| | Fósforo (%) | 0,53 |
| | | |

### I.4.1.4 Alimentos para postura de ovos

A ração para postura de ovos satisfaz as necessidades da galinha durante o período de postura. Durante esta fase, as necessidades de cálcio da galinha aumentarão de 4% para 4,4% à medida que as galinhas envelhecem. Os alimentos para a postura devem poder cobrir as necessidades da galinha em termos de manutenção, crescimento e postura.

Pigmentos como as xantofilas são também importantes nos alimentos para realçar a cor da gema.

<u>**EXEMPLOS DE FORMULAÇÕES DE ALIMENTOS PARA GALINHAS POEDEIRAS**</u>

| Ingredientes | Quantidade (em Kg) | | |
|---|---|---|---|
| | Colocação 1 | Colocação 2 | Colocação 3 |
| milho | 550 | 560 | 570 |
| Sêmea de trigo | 55 | 50 | 50 |
| Bolo de algodão | 80 | 70 | 70 |
| Farinha de soja | 80 | 80 | 70 |
| Bolo de amendoim | 65 | 65 | 60 |
| Bolo de palmiste | 30 | 30 | 30 |
| concha | 80 | 85 | 85 |
| Pó de osso | 10 | 10 | 15 |
| 5% de pré-mistura | 50 | 50 | 50 |
| **TOTAL** | **1000** | **1000** | **1000** |
| Aditivo prebiótico | 2Kg/tonelada | 2Kg/tonelada | 2Kg/tonelada |
| **Caraterísticas nutricionais** | Energia (Kcal) | 2606 | 2608 | 2604 |

| **Caraterísticas nutricionais** | | Colocação 1 | Colocação 2 | Colocação 3 |
|---|---|---|---|---|
| | Energia (Kcal) | 2606 | 2608 | 2604 |
| | Proteína bruta (%) | 18 | 17,5 | 17 |
| | Teor de gordura (%) | 3,4 | 3,4 | 3,4 |
| | Fibra bruta (%) | 5,8 | 5,7 | 5,7 |
| | Lisina (%) | 0,87 | 0,85 | 0,81 |
| | Metionina (%) | 0,36 | 0,34 | 0,33 |
| | Cálcio (%) | 3,76 | 3,95 | 4,1 |
| | Fósforo (%) | 0,5 | 0,5 | 0,55 |
| | | | | |

### I.4.2 As necessidades das galinhas poedeiras

O quadro seguinte mostra as necessidades das galinhas poedeiras em função da alteração do seu estado fisiológico.

| Nutriente | Fase de arranque | Fase do frango | Pré-eixo | Colocação 1 | Colocação 2 | Colocação 3 |
|---|---|---|---|---|---|---|
| Energia metabolizável (Kcal) | 2900 - 3000 | 2750 - 2800 | 2750 - 2800 | 2700 - 2750 | 2700 - 2750 | 2700 - 2750 |
| Proteína bruta (%) | 20 - 21 | 16 - 17 | 16 - 17 | 18,7 | 18,2 | 18,0 |
| Teor de gordura (%) | 3,5 - 5 | 2,5 - 4 | 2,5 - 4,5 | 2,5 - 5,5 | 2 - 4,5 | 1,5 - 3,5 |
| Fibra (%) | 2,5 - 3 | 2,5 - 6,5 | 3,5 - 5,5 | 3,5 - 6 | 3,5 - 6,5 | 3,5 - 7 |
| Cálcio (%) | 1 - 1,1 | 0,9 - 1 | 2,2 - 2,5 | 4,1 | 4,2 | 4,4 |
| Fósforo (%) | 0,45 - 0,5 | 0,35 - 0,4 | 0,42 - 0,45 | 0,42 | 0,4 | 0,38 |
| Lisina (%) | 1 | 0,67 | 0,8 | 0,85 | 0,85 | 0,8 |
| Metionina (%) | 0,48 | 0,34 | 0,36 | 0,46 | 0,43 | 0,38 |
|  |  |  |  |  |  |  |

O quadro acima mostra as necessidades das galinhas poedeiras em cada fase de desenvolvimento. Estas exigências podem ser utilizadas para formular rações diferentes para satisfazer as necessidades das galinhas poedeiras.

A formulação dos alimentos para animais envolve, portanto, a combinação de várias matérias-primas e suplementos alimentares para satisfazer as necessidades dos animais em termos de diferentes nutrientes (energia, proteínas, gorduras, fibras, aminoácidos, minerais e vitaminas).

O conhecimento do valor bromatológico dos vários ingredientes disponíveis e, se for caso disso, os limites de utilização destes ingredientes são elementos essenciais para uma boa formulação alimentar.

Para além de nutrientes, as galinhas também precisam de água para uma digestão adequada. Regra geral, as galinhas consomem duas vezes mais água do que comida. Mas este consumo será fortemente influenciado pela temperatura ambiente.

A uma temperatura ambiente de cerca de 20°C, o consumo de água será entre 1,8 e 2 vezes superior ao da ração, e cerca de 2,1 vezes durante o período de postura.

O consumo de água aumenta com a temperatura, pelo que quanto mais quente estiver, mais água a galinha consumirá. Este consumo varia também com a temperatura da água, pelo que a água mais fria será mais consumida pelas galinhas.

## I.5 DOENÇAS DAS GALINHAS E PROFILAXIA MÉDICA

### I.5.1 Algumas doenças encontradas na criação de galinhas poedeiras

As doenças que afectam as galinhas poedeiras dividem-se em várias categorias: doenças virais, doenças bacterianas, doenças parasitárias e doenças digestivas. Para além das doenças causadas por micróbios, há também as causadas por carências de minerais e vitaminas.

### I.5.1.1 Doenças virais

As doenças virais, tal como o seu nome indica, são causadas por um vírus e geralmente provocam perdas económicas significativas. As principais são as seguintes:

- A doença de Marek, que se manifesta por problemas digestivos, perda de peso, descoloração dos olhos e cegueira, e sintomas nervosos como torcicolos.

- Doença de Newcastle ou pseudopeste aviária, que se manifesta através de problemas respiratórios e sintomas nervosos como paralexia, torcicolo e outros.

- A bronquite infecciosa é também uma doença respiratória, em que os indivíduos afectados sofrem de problemas respiratórios. Nos adultos poedeiros, a casca do ovo torna-se branca, muitas vezes com manchas de sangue;

- A doença de Gumboro, também conhecida como doença infecciosa da bursa, é causada por um vírus que ataca a bursa de Fabricius, provocando hemorragias intramusculares (petéquias nos músculos das pernas);

- A varíola ou difteria aviária manifesta-se sob as formas cutânea e oculonasal, com lesões na cabeça e na crista.

## I.5.1.1.1 Doença de Marek

| Doença | **Doença de Marek** | |
|---|---|---|
| Nomes sinónimos | Doença do fígado gordo, paralisia das galinhas, vírus do herpes aviário. | |
| definição | Doença viral aviária infecciosa, contagiosa e transmissível; tumor, doença linfoproliferativa; lesão do sistema imunitário linfopoiético. | |
| Epidemiologia | Idade:jovem (6 a 7/ 7 a 16 semanas) semanas adulto:> 16 semanas<br>Espécie: mais patogénico nas galinhas; menos patogénico nos perus | |
| Etiologia (causas) | Agente patogénico | Vírus do herpes: patogénico em ambiente intracelular, resistente a 20°C durante 8 meses |
| | Materiais contaminantes | Saliva, secreções nasais, penas (descamação dos folículos das penas) |
| | Vias de penetração | Oral, digestivo; ar, respiratório |
| | | |
| sintomas | Incubação: de algumas semanas a alguns meses;<br>Progressão da forma visceral aguda para a forma nervosa crónica, forma superaguda: 4 semanas;<br>100% de mortalidade sem sintomas.<br><u>Forma visceral aguda</u>: 6 a 7 semanas/7 a 16 semanas; progressão rápida (2 a 5 dias); crista e barbelas pálidas; pele com um aspeto de "carne de ganso".<br><u>Forma crónica (nervosa):> 16 semanas</u><br>Progressão lenta (1 a 3 semanas); paralisia progressiva do pescoço (nervo cervical), torcicolo e jabot atomia, asas caídas, patas abertas, descoloração da íris (olho de vidro ou olho de peixe), diminuição da postura de ovos. | |
| diagnóstico | <u>Diagnóstico clínico</u>: olho de vidro, "arrepios" na pele, tumores (infiltração de linfócitos T que deforma o órgão afetado);<br><u>Diagnóstico paraclínico</u>: Histológico através da identificação do tipo predominante de linfócitos (predominantemente infiltração LT);<br>Serológico através de teste ELISA para identificar o vírus.<br><u>Diagnóstico diferencial</u>: leucose aviária (forma visceral); varíola aviária (forma cutânea). | |
| tratamento | Sem tratamento | |
| profilaxia | Vacinação na incubadora: estão disponíveis 3 formas de vacina (HVT serotipo 3 liofilizado, HVT serotipo 3 congelado e estirpe atenuada serotipo 1 congelada). | |

## I.5.1.1.2 Doença de NEWCASTLE

| Doença | | Doença de New Castle |
|---|---|---|
| Nomes sinónimos | | Pseudopeste aviária; paramixovirose |
| definição | | Doença viral, infecciosa, contagiosa |
| Epidemiologia | | Todas as espécies de aves; todas as idades, todas as estações, |
| Etiologia (causas) | Agente patogénico | Paramyxovirus ( Paramyxoviriidae); vírus ARN com invólucro; 2 géneros: o género Metapneumovirus (vírus da rinotraqueíte infecciosa e da síndrome da cabeça grande) e o género Avulavirus (vírus New Castle). |
| | Materiais contaminantes | Excreção: jato (muco nasal) e excrementos |
| | Vias de penetração | Via oral e respiratória |
| | carácter | Resistente durante 2 a 3 anos no frio; destruído pelo calor em alguns minutos a 60°C e em alguns segundos a 100°C. |
| sintomas | | **Incubação:** 2 a 18 dias ou 4 a 15 dias, dependendo da estirpe patogénica<br>**Os sintomas desenvolvem-se em 3 fases:**<br>-Fase de invasão (fase septicémica): inapetência, depressão que leva à morte em 24 horas;<br>-Fase de estado (fase aguda): 24 a 48 horas, perturbações nervosas (asas pendentes, torcicolo); perturbações respiratórias (bico aberto, muco na traqueia, respiração ruidosa); perturbações oculares: síndrome de coriza (olhos húmidos e inchados); perturbações digestivas: diarreia esverdeada.<br>Fase terminal: problemas respiratórios, nervosos e digestivos associados a sintomas de tosse, inapetência e diminuição da postura dos ovos. |
| diagnóstico | | -Diagnóstico epidemiológico: alta mortalidade e contagiosidade, todas as idades e todas as estações<br>- Diagnóstico clínico: evolução muito rápida (24 horas) + elevada taxa de mortalidade; lesões no trato digestivo.<br>-Diagnóstico paraclínico: utilização do laboratório para a deteção do vírus (hemaglutinina, anticorpos neutralizantes, subtipos) através da serologia: DIF (imunofluorescência direta) + HIA (inibição da hemaglutinação) + PAH (hemaglutinação passiva) + ELISA. |
| tratamento | | Antibioticoterapia apenas para complicações bacterianas |
| profilaxia | | Profilaxia médica: vacinação;<br>Profilaxia sanitária: higiene e desinfeção do edifício e do equipamento de criação, aspiração sanitária após cada lote. |

### I.5.1.1.3 Bronquite infecciosa

| Doença | | Bronquite infecciosa |
|---|---|---|
| Nomes sinónimos | | Coronavirose em galinhas; Síndrome traqueobrônquico; Síndrome Bronco-ovarite; Síndrome de bronco-salpingite. |
| definição | | Doença viral Infecciosa Contagiosa-Inoculável com tropismo Respiratório + renal + genital. |
| Epidemiologia | | Espécie: Gallus é mais sensível Idade: os jovens são mais sensíveis |
| Etiologia (causas) | Agente patogénico | Coronavírus - vírus RNA de cadeia simples, de 80 a 160 nm; multiplicação intracelular - uma dúzia de serotipos; Cultura in vivo (células epiteliais da traqueia e dos brônquios) + in ovo (ovo embrionado com 9-10 dias de idade). -Caraterísticas: Sobrevive durante 1 mês em excrementos e dejectos no exterior + algumas semanas na cama. -Sensíveis: formalina + UV + Incubadora (37°C durante 12 horas) - Desinfectantes. |
| | Materiais contaminantes | Secreções e excrementos nasais + orais + oculares |
| | Vias de penetração | Respiratório: Traqueia transmissão horizontal: direta e indireta. |
| | | |
| sintomas | | **Incubação**: 18 a 36 horas (muito curta) Os sintomas variam consoante a idade e o tropismo (3 tropismos: respiratório, genital e renal). **-Sintomas gerais**: Depressão e anorexia. **-Sintomas respiratórios**: dispneia, tosse, estertores, espirros, tosse com sangue, síndroma de coriza, conjuntivite e sinusite. Progressão para DRC ou morte em 2 a 3 semanas ou recuperação. **-Sintomas genitais**: Diminuição súbita da postura (10 a 50%) => Poedeiras pobres => ovos deformados (40%) + Casca descolorida + Casca fina ou ausente + Casca granulosa ou rugosa + Albumina menos viscosa (demasiado líquida). **-Sintomas renais**: Depressão, sede intensa, fezes húmidas. **-Lesões**: respiratórias, genitais e renais Evolução: Morte. |
| diagnóstico | | Diagnóstico paraclínico: -Histologia: evidência do vírus nas células epiteliais da traqueia -Virologia: deteção do vírus por imunofluorescência. -Serologia: teste ELISA, |
| tratamento | | Não há tratamento; a terapia antibiótica é utilizada apenas para evitar a progressão da doença. RCM |
| profilaxia | | -profilaxia sanitária: higiene e desinfeção -profilaxia médica: vacina viva atenuada, nebulização |

## I.5.1.1.4 Gripe aviária

| Doença | | Gripe aviária |
|---|---|---|
| Nomes sinónimos | | Gripe aviária; peste aviária |
| definição | | Doença infecciosa viral altamente contagiosa e inoculável. Zoonose.<br>Tropismo Respiratório + Digestivo + Nervoso |
| Epidemiologia | | Aves domésticas, selvagens e exóticas |
| Etiologia (causas) | Agente patogénico | O agente patogénico é um ribovírus ou vírus RNA envelopado com simetria helicoidal, da família Orthomyxoviridae, do género "Influenza". Tem 3 tipos antigénicos (vírus da gripe de tipo A nas aves; vírus da gripe de tipo B e C no homem). Contém 16 tipos de hemaglutinina e 9 tipos de neuraminidase. É altamente patogénico e multiplica-se facilmente em ovos embrionados. |
| | contaminantes | Fonte de contaminação: Aves selvagens (migratórias), especialmente palmípedes. Os contaminantes são os excrementos e os cadáveres. |
| | Vias de penetração | Pelos tratos respiratório e digestivo |
| | | |
| sintomas | | -Gripe patogénica (estirpe A):<br>Angústia respiratória + lacrimejo + sinusite + edema da cabeça + cianose da crista e dos barbilhões + diarreia=> 100% de mortalidade.<br>-Gripe moderadamente patogénica (estirpe B):<br>Problemas respiratórios + aerossaculite + queda súbita ou cessação da postura dos ovos; 50-70% Mortalidade + morbilidade elevada.<br>Gripe não patogénica (estirpe C):<br>Ligeiros problemas respiratórios e digestivos - ligeira diminuição da postura de ovos. |
| diagnóstico | | Diagnóstico paraclínico<br>Testes laboratoriais para identificar o vírus (hemaglutinina, anticorpos neutralizantes, subtipos) através de serologia: HAI (inibição da hemaglutinação) + ELISA. |
| tratamento | | Sem tratamento, apenas terapia antibiótica para prevenir complicações bacterianas |
| profilaxia | | Desinfeção do edifício e do equipamento; quarentena; destruição do efetivo contaminado; destruição do material de cama pelo fogo. |

## I.5.1.1.5 Encefalomielite aviária

| Doença | | Encefalomielite infecciosa aviária (EA) |
|---|---|---|
| Nomes sinónimos | | Doença epidémica do tremor das galinhas - Doença do pianista - Picornavirose. |
| definição | | Doença viral - Infecciosa - Contagiosa - Inoculável - Tropismo; Enterotrópica + Neurotrópica. |
| Epidemiologia | | Aves: Frango, peru, faisão, codorniz, perdiz, galinha-d'angola. Idade: Muito jovem - Mais velho. |
| Etiologia (causas) | Patogénico | Agente patogénico: Vírus de ARN de cadeia simples - tamanho pequeno (20 a 30 nm) - família Picornaviridae - semelhante ao vírus da hepatite (género Hepatovirus) - sem variantes antigénicas (a patogenicidade varia entre estirpes). Tipo de letra: Resistente: várias semanas a vários meses em ambiente exterior. Sensível:Desinfectantes habituais. |
| | Materiais contaminantes | Excrementos |
| | Vias de penetração | Transmissão oral (digestiva): -Horizontal: possível (ovos a eclodir) -Vertical: principalmente (ovos contaminados) |
| sintomas | | Incubação: -1 a 7 dias após a transmissão vertical -4 a 14 dias após a transmissão horizontal. **Em pintos (>3 semanas / >6 semanas):** 10 dias: Morte súbita sem sintomas (ovos contaminados) 15 dias: Ataxia muscular progressiva (incoordenação motora progressiva com tremor) => tremor de cabeça => tremor de pescoço => jovem sentado sobre a articulação tíbio-metatársica em posição de "pianista" => paralisia flácida => ausência de movimentos => morte por inanição. -Curso: Morte ou recuperação (com atraso de crescimento + Cataratas + Paralisia ligeira). -Taxa de morbilidade: 40 a 50%. -Taxa de mortalidade: 25 a 50% (consoante a estirpe e a virulência). **Nas fêmeas reprodutoras:** Diminuição da fecundidade e da eclodibilidade + Diminuição da postura + Abatimento + Diminuição do IC + Ausência de sintomas nervosos + Possibilidade de cataratas. Diminuição da postura: No início da postura (ligeira diminuição da postura + regresso lento e anormal) ou durante a postura (diminuição súbita da postura + regresso rápido e anormal). normal). |
| diagnóstico | | Diagnóstico clínico: Tremores e ataxia em 3 semanas. Diagnóstico paraclínico: -Histologia: Tecido nervoso + Proventrículo + Moela + Pâncreas. -Virologia: Cultura de embriões => Imunofluorescência. -Serologia: Anticorpos neutralizantes em ovos embrionados. Diagnóstico |
| tratamento | | Sem tratamento - Complexo vitamínico (vitB) - Antibioticoterapia apenas para complicações bacterianas. |
| profilaxia | | -Eliminação de aves doentes -Vacinar as fêmeas reprodutoras antes da postura com uma vacina viva atenuada administrada por via oral na água de bebida. |

## I.5.1.1.6 Doença de Gumboro

| Doença | Doença de Gumboro |
|---|---|
| Nomes sinónimos | Doença infecciosa da bursa - IBDV (Infectious Bursal Desease Virus) - Burna virose. |
| definição | Doença viral - Contagiosa - Inoculável - Imunossupressora - Tropismo para a bursa de Fabricius (órgão linfoide) |
| Epidemiologia | Espécie: Principalmente galinha - peru e pato (forma subclínica) Idade: Jovem (2 a 7 semanas) |
| Etiologia (causas) — Patógeno | **Agente patogénico:** Vírus Birna - Muito estável - Não envelopado - 60 nm de diâmetro - Afinidade pela bursa de Fabricius => Destruição dos linfócitos B => ausência de resposta imunitária. **Tipo de letra:** Resistente: >4 meses em cama - Algumas horas a 40°C e 5 horas a 56°C - Éter - Clorofórmio - Amónios quaternários. Sensível: 10 minutos em formalina a 5% e 30 minutos em formalina a 7% - Água quente. |
| Etiologia (causas) — Materiais contaminantes | Fonte de contaminação: Vermes parasitas - aves doentes. Materiais contaminantes: excrementos. |
| Etiologia (causas) — Vias de penetração | Via de entrada: Apenas digestiva. Transmissão: Apenas na horizontal: (Diretamente através de material de cama sujo + Indiretamente através de equipamento animal sujo). |
| sintomas | -Forma aguda: 2-6 semanas Incubação: 2 a 3 dias => Duração: 7 dias Anemia súbita - Diminuição do IC - Aumento dos fluidos (febre) => Diarreia aquosa e esbranquiçada => Desidratação + Penas eriçadas. Tremores - Andar vacilante => Abatimento - Prostração. Progressão: Morte (2 a 4 dias) ou Recuperação (5 a 7 dias) com atraso no crescimento. -Forma subclínica: >6sem Perdas económicas: Diminuição do peso + Aumento do IC => Mortalidade significativa Evolução: CKD (Doença Respiratória Crónica). |
| diagnóstico | Diagnóstico epidemiológico: Idade. Diagnóstico clínico: Lesões patognomónicas. Diagnóstico paraclínico: Histologia (lesões de necrose de BF) + Imunologia (ELISA). Diagnóstico diferencial: -Mortalidade fria -Doença de New Castle (petéquias + diarreia) -Coccidiose (diarreia hemorrágica). |
| tratamento | Sem tratamento |
| profilaxia | Profilaxia sanitária: Higiene e desinfeção: -Boa desinfeção: água quente a alta pressão - Formol. -Bom controlo de insectos: queima de lixo Espaço de rastejamento de 15 dias. Profilaxia médica: Vacinação Dia 1, Dia 7, Dia 14 e Dia 21 |

## I.5.1.1.7 Varíola aviária

| Doença | | Varíola aviária |
| --- | --- | --- |
| Nomes sinónimos | | Difteria aviária - Epitelioma contagioso - Virose da varíola. |
| definição | | Doença viral - Contagiosa - Inoculável. |
| Epidemiologia | | Todas as aves: Galinha - Peru - Pombo - Pavão - Codorniz - Pato. Todas as idades: especialmente no final da produção.<br>Todas as estações |
| Etiologia (causas) | Patógeno | Agente patogénico:<br>Vírus da varíola - vírus de ADN - 250 nm de diâmetro - cultivado in ovo por inoculação intradérmica - multiplica-se num ovo que contém um embrião (na membrana corioalantóica) causando manchas caraterísticas de necrose celular com 1 a 2 mm de diâmetro = conhecido como "pock".<br>Tipo de letra:<br>-Resistente: vários anos em escamas - 9 dias em formol.<br>-Sensível: Desinfectantes comuns - 30 minutos a 50°C. |
| | Materiais contaminantes | Fonte de contaminação:Portadores saudáveis, insectos. Materiais contaminantes: Pelo - Poeira - Detritos de penas. |
| | Vias de penetração | Vias de entrada:Penetração na pele (picada - picadas de mosquito -IA) + Penetração nas membranas mucosas Transmissão: não existem vias horizontais ou verticais; apenas através da pele e das mucosas.<br>Patogénese:<br>Penetração => multiplicação intracelular => inclusões intra-citoplasmáticas=> mucosa da faringe + mucosa da traqueia. |
| | | |
| sintomas | | Incubação: 4 a 14 dias<br>**Forma cutânea:** frequente<br>Nódulos nas partes do corpo sem penas (apêndices cefálicos, à volta dos olhos, cantos do bico, papeira, escamas das patas e dedos) sob a forma de: pápulas esbranquiçadas => pústulas esbranquiçadas => vesículas amareladas => crostas acinzentadas a acastanhadas => desprendem-se após 4 semanas => cicatrização.<br>Diminuição do peso + Diminuição da fertilidade + Diminuição da postura.<br>**Forma difteróide:**Nódulos nas membranas mucosas dos olhos e do nariz - Nódulos no trato digestivo e no sistema respiratório.<br>Diminuição do peso + Diminuição da fertilidade + Diminuição da postura dos ovos. Forma mista ou mucocutânea:<br>Ambas as formas podem ocorrer ao mesmo tempo (especialmente em perus). Uma forma conhecida como |

| | "variola coryza":<br>As aves apresentam todos os sinais de coriza normal =><br>Evolução: para uma recuperação espontânea ou para uma superinfeção bacteriana. |
| --- | --- |
| diagnóstico | -Diagnóstico clínico:<br>Sintomas e lesões patognomónicas.<br>-Diagnóstico clínico:<br>   * **Virologia:** cultura de células + PCR.<br>   * **Serologia:** teste de seroneutralização.<br>   * **Histologia:** Proliferação e hiperplasia de células epiteliais da epiderme e da mucosa com a presença de inclusões eosinofílicas intracitoplasmáticas. |
| tratamento | -Terapia antigénica= 1/10 ml de suspensão na derme do barbilhão.<br>-Terapia antibiótica para prevenir superinfecções bacterianas.<br>-Tratamento local com glicerina iodada ou soluções de nitrato de prata ou de azul de metileno. |
| profilaxia | Higiene + luta contra os insectos + vacinas atenuadas. |
| | |

## I.5.1.1.8  Síndrome infecciosa da cabeça grande

| Doença | | Síndrome infecciosa da cabeça grande |
| --- | --- | --- |
| Nomes sinónimos | | Pneumovirose aviária; Paramixovirose aviária |
| definição | | Doença viral, infecciosa, pneumovírus, tropismo respiratório. |
| Epidemiologia | | Especialmente galinhas e pintadas, de todas as idades. |
| Etiologia (causas) | Agente patogénico | Agente patogénico:<br>Pneumo vírus (paramyxoviridae). Trata-se de um Paramyxovirus (paramyxoviridae) - vírus ARN envelopado - 2 géneros: género Metapneumovirus (vírus da rinotraqueíte infecciosa e da síndrome da cabeça grande infecciosa) e género Avula virus (vírus New Castle). |
| | Materiais contaminantes | Corrimento nasal e lacrimal |
| | Vias de penetração | Transmissão:<br>Transmissão direta horizontal por:<br>- aéreo (inalação)<br>-vias ocular e oral possíveis (através do ducto lacrimal ou da fenda palatina) |
| | | |
| sintomas | | **Galinha e pintada (jovens):**<br>Estertores fracos - corrimento nasal e ocular - inchaço: das pálpebras na região periorbitária + dos seios infra-orbitários + da mandíbula inferior + por vezes da nuca |

| | |
|---|---|
| | (inchaço da cabeça => aspeto de "cabeça grande"). Sonolência - desidratação - perturbações nervosas (perda de equilíbrio + torcicolo) - taxa de mortalidade 10%. **Galinha e pintada (Adultos):** Diminuição da postura de ovos de 5% a 30%, que pode afetar todo o efetivo em 2 a 3 semanas. |
| diagnóstico | **Exame serológico:** -Objetivo: identificar o vírus -Isolamento do vírus= -A partir de esfregaços traqueais e oculares (primeiros 3 dias) por inoculação em culturas celulares. -A partir de    2 amostras de sangue (2 primeiros dias de infeção e 3 a 4 semanas após a infeção) utilizando as técnicas de seroneutralização e ELISA (ELISA é menos eficaz em perus). **Exame histológico:** -Objetivo = identificar o vírus a utilizar: -Danos no sistema respiratório -Inclusões intracitoplasmáticas em células epiteliais ciliadas dos cornetos nasais e da laringe. **Exame bacteriológico:** Objetivo: identificar o germe complicador + estabelecer um diagnóstico diferencial. |
| tratamento | -Sem tratamento antiviral. -Terapia antibiótica para complicações bacterianas. |
| profilaxia | **Profilaxia sanitária:** - Respeito rigoroso das normas de higiene (desinfeção adequada), - Espaço de rastejamento, - Quarentena, - Criação em banda única, - Densidade razoável. **Profilaxia médica:** - Vacina de vírus vivo: vacinação primária no início da criação, primeiro reforço antes da postura, segundo reforço durante a produção. - Risco de interferência com o adenovírus em perus, daí a vacinação contra a enterite hemorrágica dos perus. |
| | |

### I.5.1.1.9 Síndrome da queda da postura

| Doença | Síndrome da queda da postura |
|---|---|
| Nomes sinónimos | EDS = síndrome da queda dos ovos; adenovírus aviário |
| definição | Doença viral - Infecciosa - Inoculável - Infeção do trato respiratório+.<br>Hepático + Esplénico + Pancreático. |
| Epidemiologia | Galinhas poedeiras - Gansos - Aves selvagens |
| Etiologia (causas) | Agente patogénico | Agente patogénico:<br>*Adenovírus, Família Adenoviridae=> 4 géneros:<br>-Mastadeno vírus (mamíferos),<br>-Aviadeno vírus (aves) => adenovírus aviários do grupo I,<br>-Siadeno vírus (aves) => adenovírus aviários do grupo II,<br>-Atadeno vírus (aves) => Adenovírus aviário do grupo III. Responsável pela síndroma da falha na postura dos ovos nas galinhas ou SDE. |
| | Materiais contaminantes | Todas as excreções, especialmente excrementos. |
| | Vias de penetração | Vias respiratória e digestiva; Transmissão<br>Vertical (no ovo ou no trato genital feminino) ou Horizontal (direta e indireta), dependendo do vírus. |
| | | |
| sintomas | | Diminuição de 50% da taxa de postura, que persiste durante 1 a 3 meses; ovos frágeis e pequenos; casca fina, áspera, mole e descolorada => Evolução: Recuperação + regresso da taxa de postura ao normal (o mesmo que para a encefalomielite infecciosa aviária). |
| diagnóstico | | -Isolamento e identificação do vírus.<br>-Efeito citopatogénico (insuficiente para estabelecer um diagnóstico definitivo).<br>-E.L.I.S.A.; Fixação do complemento; Seroneutralização; Inibição da hemaglutinação; Imunodifusão em ágar duplo. |
| tratamento | | Sem tratamento |
| profilaxia | | - Medidas de higiene rigorosas (em relação à criação).<br>-Vacina inativada com adjuvante: 14 a 18 semanas para galinhas poedeiras |
| | | |

## I.5.1.2 Doenças bacterianas

Estas doenças são causadas por bactérias como a salmonela, a bactéria coli e muitos outros micróbios que causam problemas digestivos. Os sintomas são geralmente os seguintes:

> As galinhas mortas tornam-se rapidamente negras algumas horas após a morte, em resultado da intensa atividade bacteriana no trato digestivo;

> Redução do consumo de ração;

> Diarreia esbranquiçada em casos de salmonelose;

> Na autópsia, nos casos de colibacilose, pode observar-se uma membrana fina e esbranquiçada nas vísceras.

Os quadros seguintes descrevem as principais doenças do aparelho digestivo.

## I.5.1.2.1 Colibacilose aviária

| Doença | | Colibacilose aviária |
|---|---|---|
| Nomes sinónimos | | Dependendo da entidade da doença |
| definição | | Doença bacteriana, infecciosa, contagiosa, inoculável |
| Epidemiologia | | Todas as aves (especialmente frango e peru); todas as idades |
| Etiologia (causas) | Agente patogénico | Agente patogénico:<br>*Família Enterobacteriacea, género Escherichia coli, Bacillus, G-, móvel ou imóvel,<br>*Serotipos de Escherichia coli: vários serotipos (os mais patogénicos: O1:K1, O2:K1, O78:K80)<br>A E.coli é específica da espécie (por exemplo, pato O86)<br>-E.coli é um imunossupressor<br>Tipo de letra:<br>-Resistente: vários dias no ambiente (solo e água)<br>-Sensível: desinfectantes comuns. |
| | contaminantes | Fonte de contaminação: Portadores saudáveis (excreção permanente de contaminantes > 109 germes), ovos contaminados (antes, durante e após a postura).<br>contaminante: excrementos |
| | Vias de penetração | Vias de entrada: oral, respiratória, genital Transmissão:<br>-Principalmente horizontal (contaminação fecal, poeira, penas, água, alimentos, solo, cascas de ovos sujas)<br>-Raras verticais (lesão do conjunto de ovários, oviduto)<br>Factores de predisposição: Stress, doenças intercorrentes (virais, bacterianas, parasitárias) |
| | | |
| sintomas | | -Mortalidade no ovo (embrionária) => diminuição da eclodibilidade - Logo após a eclosão => pinto mole, abdómen inchado, umbigo inchado e húmido;<br>-diarreia branca |

| | |
|---|---|
| | -Depósitos de fibrina (uma fina camada de membrana esbranquiçada) no fígado, coração e abdómen,) postura de ovos, <br>-Morte súbita. |
| diagnóstico | D. Clínica: depósitos de fibrina no fígado, coração e abdómen; <br>D. Paraclínica: Pesquisa de E. coli em excrementos, órgãos (fígado, rins, oócitos) Isolamento e identificação de estirpes patogénicas |
| tratamento | Antibiograma para determinar o tratamento adequado (resistente a tetraciclinas, estreptomicina, cloranfenicol) <br>-Oral: sulfonamidas (trimetoprim => sulfaquinoxalina); quinolonas (flumequina => enrofloxacina) na água de beber Em combinação com macrólidos (estrepto + espiramicina ou estrepto + tilosina) em doenças concomitantes |
| profilaxia | -Prevenção química e vacinação (muito complicado) <br>-Higiene rigorosa das instalações, do equipamento e do pessoal da exploração <br>-Vácuo sanitário entre cada lote (incubação e criação) <br>-Evitar o stress através da administração de vitaminas |
| | |

## I.5.1.2.2 Micoplasmas aviários

| Doença | | Micoplasma aviário |
|---|---|---|
| Nomes sinónimos | | Dependendo de o agente patogénico estar sozinho = "Micoplasmoses" ou associado a outros agentes infecciosos = "CKD". |
| definição | | Doença bacteriana, infecciosa, contagiosa, inoculável, cosmopolita, |
| Epidemiologia | | -Todas as aves (nomeadamente galinha, peru, pato, ganso, pombo, pintada, codorniz, faisão, perdiz) <br>-Idade: todas as idades |
| Etiologia (causas) | Agente patogénico | Agente patogénico: <br>*Classe Mollicutes, Ordem Mycoplasmatales, Família Mycoplasmatacea (dependente de esterol) e Família Acholeplasmatacea (independente de esterol), Género Mycoplasma <br>*Aspeto pseudomicelial, bactérias cocóides ou piriformes, ramificadas ou estreladas, filamentosas ou espiraladas, móveis ou imóveis, sem coloração de Gram, <br>*Espécies de Micoplasma: Mycoplasma gallisepticum, M. synoviae, M. meleagridis, M. iowae) outras espécies. <br>-O micoplasma é específico da espécie (por exemplo, M. meleagridis em perus) e da expressão clínica (por exemplo, M. synoviae nas articulações). <br>-O micoplasma é um imunossupressor <br>-Caraterísticas: Resiste de alguns dias a algumas semanas em ambiente ambiente. |

| | Materiais contaminantes | -Fonte de contaminação: portadores saudáveis (excretores permanentes de contaminantes)<br>-Contaminante: expetoração; |
|---|---|---|
| | Vias de penetração | -Vias de entrada: respiratória e genital. -Transmissão: horizontal (expetoração, poeiras, camas); vertical (lesões no agregado ovárico, oviduto por via hematogénea ou por contacto com sacos aéreos infectados). |
| | | |
| sintomas | | O Mycoplasma é responsável por uma série de patologias:<br>  ➢ **Mycoplasma gallisepticum (em galinhas, perus, patos e perdizes):**<br>-retardamento do crescimento, aumento da CI, redução da eclodibilidade e da produção de ovos, nados-mortos.<br>-Distúrbios respiratórios (coriza, espirros, vómitos, dispneia, prostração com o bico aberto; nos perus, sinusite suborbital uni ou bilateral)<br>-Consequências => DRC (galinha) e sinusite infecciosa (peru)<br>  ➢ **Mycoplasma synoviae: (Em galinhas, perus e pintadas):**<br>-retardamento do crescimento, fraqueza, palidez da crista e dos barbilhões<br>-afecções respiratórias superiores menos graves (coriza, estertores, sinusite)<br>-problemas locomotores (articulações das patas e/ou das asas aumentadas ou inchadas; bolhas na fúrcula) agravados por germes com tropismo articular (reovírus) |
| diagnóstico | | D. clínica:<br>Sintomas e lesões (consoante o agente causal e a espécie animal)<br>D. paraclínica:<br>Testes de micoplasma |
| tratamento | | -Antibiograma para determinar o tratamento adequado<br>Anti-infecciosos: macrólidos (espiramicina, tilosina, tilmicosina), tetraciclinas (clortetraciclina, oxitetraciclina), aminoglicosídeos (canamicina, gentamicina), quinolonas (flumequina => enrofloxacina) |
| profilaxia | | -Prevenção química e vacinação (muito complicado)<br>-Prevenir todas as formas de infeção através de uma higiene rigorosa do edifício, do equipamento e do pessoal.<br>-Vácuo sanitário entre cada lote (incubação e criação)<br>-Evitar todas as formas de stress |
| | | |

### I.5.1.2.3 Salmonelose aviária

| Doença | | Salmonelose aviária |
|---|---|---|
| Nomes sinónimos | | Perigo fecal - Doença do fígado bronzeado - Doença da crista azul<br>Pullorose - Tifose |
| definição | | Doença bacteriana, infecciosa, contagiosa, inoculável,<br>Um tropismo digestivo e genital com perturbações orgânicas extremamente variáveis |
| Epidemiologia | | Espécies de aves: Todas as aves |
| Etiologia (causas) | Patogénico | Agente patogénico: família Enterobacteriacea, género Salmonella, 2 espécies principais:<br>-Salmonella Bongori (rara)<br>-Salmonella choleraesuis => Salmonella enteritica (frequente) => 7 subespécies de Salmonella enteritica, incluindo 2 S/E de Salmonella enteritica (mais importantes):<br>*Salmonella enteritica arizona => apenas aves de capoeira<br>*Salmonella enteritica enterica => humanos + aves de capoeira + mamíferos => vários serovares:<br>Salmonella gallinarum-pullorum (SGP) => Pullorose e tifose nas aves;<br>Salmonella Typhi => Tifo (febre tifoide) nos seres humanos;<br>Salmonella Paratyphi => paratifoide no ser humano<br>Salmonella Typhimurium => TIA (zoonose)<br>**Tipo de letra:**<br>**-Resistente ao**: frio - salga - fumo - dessecação - 12 dias em ovos incubados a 25°C - 2 anos em excrementos - 9 meses no solo e na lama (ao abrigo do sol e do calor).<br>**-Sensíveis**: UV (sol) - Calor - Formol a 10% - desinfectantes comuns. |
| | contaminantes | **Fonte de contaminação:** Portadores saudáveis (excretores permanentes = 1 bilião de germes/gr de fezes), ovos sujos (antes, durante e após a postura), insectos.<br>**Materiais contaminantes:**Nomeadamente fezes, excrementos, penugem ou penas. |
| | Vias de penetração | **Vias de entrada:**Oral - respiratória (eclosão) - genital (coito)<br>**Transmissão:** Horizontal + Vertical<br>**Taxa de mortalidade:**<br>-50% => pulorose<br>-20% => tifose<br>-20% a 30% => reprodutores |
| | | |

| | |
|---|---|
| sintomas | Mortalidade na concha:<br>6 a 15 dias de incubação.<br>**Plullorose:**<br>**Grave:** septicémica Mortalidade aos 5 e 15 dias.<br>**-F. aguda:** galinha com 1 a 2 semanas de idade<br>Triste; frio; anorético; asas pendentes (enfraquecidas); diarreia branca, calcária e pegajosa, obstruindo a cloaca à medida que seca; eventual dificuldade respiratória => evolui para a morte.<br>**-F. crónica:** frango de 3 a 6 semanas<br>Mau estado geral, problemas locomotores (pernas desviadas), torcicolo.<br>**Tifose:**<br>-Alta frequência:<br>Morte súbita ou colapso, febre, cianose da crista "Doença da crista azul", morte em poucos dias<br>-F.aigue:<br>Prostração, problemas respiratórios (estertores, corrimento pungente), diarreia líquida amarela ou verde, fétida e com sangue que se agarra às penas. Por vezes, perturbações nervosas (cambalhotas).<br>-F.crónica:<br>Mau estado geral, problemas locomotores, problemas genitais (queda da postura, ovos manchados de sangue, ovos sem casca, eclodibilidade reduzida). |
| diagnóstico | D. Clínica: Sintomas e lesões<br>D. paraclínica:<br>-Jovens: fígado + baço<br>-Adultos: fígado + baço + sangue<br>D. diferencial:<br>-Mortalidade na concha:<br>Aspergilose (manchas negras durante a muda) Erros técnicos de criação |
| tratamento | -Via oral: quinolonas (flumequina, ácido oxolínico), fenicóis (cloranfenicol), aminósidos (gentamicina) => ação sobre a DNAgirase e alteração da permeabilidade membranar. |
| profilaxia | -Prevenção química e vacinação<br>-Higiene rigorosa antes da incubação<br>-Desinfeção dos ovos a todos os níveis<br>-Higiene rigorosa das instalações, do equipamento e do pessoal da exploração<br>-Espaço de arrastamento entre cada faixa |
| | |

## I.5.1.2.4 Pasteurelose aviária

| Doença | | Pasteurelose aviária |
|---|---|---|
| Nomes sinónimos | | Cólera aviária - Doença da Barbária - Pasteurelose coriza - <br> Septicemia hemorrágica - Pasteurella avisepticum - Pasteurella avium - Pasteurella avicida. |
| definição | | Doença bacteriana, infecciosa, contagiosa, inoculável, Expressão clínica variável |
| Epidemiologia | | Espécies de aves: Todas as aves selvagens e domésticas: <br> -Especialmente os palmípedes (aves de engorda: patos + gansos) <br> -Especialmente espécies galináceas (peru e galinha) <br> Idade: <br> Frequentemente aguda nos jovens e crónica nos adultos: <br> -Pato e ganso (4 a 5 semanas) <br> -Galinha (+16 semanas) |
| Etiologia (causas) | Agente patogénico | Agente patogénico: <br> *Bacillus ou Coccobacillus, ovoide, G-, asporulado, capsulado, imóvel, <br> *Família Pasteurellaceae <br> **4 Géneros:** <br> -Género Pasteurella (pasteurelose) <br> -G Actinobacillus (Actinobacilose) <br> -G Haemophilus (Hemofilose) <br> -G Avibacterium (tuberculose) <br> ***Espécie:** <br> -Pasteurella multocida: Cólera aviária (especialmente palmípedes, galinhas e perus) => Pasteurelose <br> -Pasteurella gallinarum: trato respiratório superior (galinha) => Pasteurelose <br> -Pasteurella haemolytica: salpingite, coriza, pneumonia, septicemia (sobretudo galinha, raramente peru, ganso, codorniz, pintada, pombo). <br> **Tipo de letra:** <br> -Sobrevive: 6 a 8 dias no solo à temperatura ambiente - vários meses em solo húmido - 1 ano em lama argilosa fresca. <br> -Sensível: luz solar (UV) - secagem e calor (60°C durante 10 minutos), desinfectantes (formalina, fenol, soda, amónio quaternário) |
| | Materiais contaminantes | Fonte de contaminação: <br> Portadores saudáveis, indivíduos doentes, cadáveres (em estado avançado de putrefação), gatos, ratos, ratazanas, porcos, etc. <br> Materiais contaminantes: <br> Todas as excreções (lágrimas, excrementos, saliva) com exceção das fezes (excrementos não contaminantes) |
| | Vias de penetração | Rotas de penetração: <br> oral, respiratório, ocular, transcutâneo (ferida) |

|  |  | Transmissão: apenas horizontal (principalmente direta e indireta através da água).<br>Factores predisponentes: Frio, humidade, stress da alimentação forçada, stress das viagens longas, alimentação deficiente, falta de higiene.<br>Taxa de mortalidade:<br>-20%a70%=>forma epizoótica<br>-0%a10%=>forma benzoótica |
|  |  |  |
| sintomas |  | *Expressão clínica variável: período de incubação experimental de 24 horas<br>-F.suraigue:<br>Morte por raio = morte em poucas horas,<br>tristeza, sonolência, inapetência, apêndices cefálicos arroxeados (crista + barbelas) => morte.<br>-F.aigue:<br>Prostração muito marcada, cianose da crista e das mucosas, hipertermia => sede intensa, polipneia, muco nas narinas e no bico, diarreia líquida=> mucoide, esverdeada a amarelo-avermelhada =<br>"diarreia arco-íris" com mau cheiro => morte em algumas horas a alguns dias.<br>-F.crónica:<br>Síndrome de coriza com aparência de DRC (conjuntivite, sinusite, edema das pálpebras e barbelas), |
| diagnóstico |  | D. clínica:<br>Sintomas e lesões<br>D.paraclínico:<br>-F. superaguda e aguda: sangue + medula óssea + órgãos afectados (fígado, baço, coração, intestino) + conteúdo intestinal.<br>-F. crónica: secreções nasais + edema da barbela + lesões articulares (abcessos) + órgãos afectados (pulmões) |
| tratamento |  | -Via oral: Antibióticos (sulfonamidas, betalactaminas, fenicoles, quinolonas, tetraciclinas) + Vitaminas (A - B - C). |
| profilaxia |  | -Prevenção química e vacinação<br>-Melhoria das condições de reprodução<br>-Melhoria das condições de transporte<br>-Evitar o frio e a humidade<br>-Eliminação das fontes de infeção<br>Evitar o stress da alimentação forçada, fornecendo polivitaminas |
|  |  |  |

### I.5.1.2.5 Hemofilose aviária ou coriza infecciosa

| Doença | | Hemofilose aviária |
|---|---|---|
| Nomes sinónimos | | Coriza infecciosa - Infeção por Avibacterium paragallinarum - Hemofilose aviária paragallinarum (anteriormente) |
| definição | | Doença bacteriana - Infecções contagiosas do trato respiratório Respiratório superior). |
| Epidemiologia | | Espécies: principalmente galinhas - faisão - galinha-d'angola - pombo. Todas as idades: sobretudo adultos Regiões quentes |
| Etiologia (causas) | Agente patogénico | **Agente patogénico:Avibacterium paragallinarum** G- em forma de bastonete - móvel - não formador de esporos - 3 serótipos (A, B e C). Tipo de letra: -Sensível: frágil em ambiente ambiente inactivado à temperatura ambiente em 24 horas) -Resistente ao: frio (baixas temperaturas) |
| | Materiais contaminantes | Fonte de contaminação: Aves doentes - portadores saudáveis. Materiais contaminantes: Descarga ou exsudado nasal e sinusal |
| | Vias de penetração | **Via de entrada:**Ar (respiratória) **Transmissão horizontal**: direta (por via aérea) e indireta (água potável - alimentos - equipamento). **Factores predisponentes:** Factores ambientais (alta densidade - ventilação deficiente - grandes variações de temperatura - stress). |
| | | |
| sintomas | | Incubação: 3 a 8 dias - Duração: 1 a 2 semanas. Sinais clínicos:Colapso - Diminuição do ritmo cardíaco - Corrimento nasal (seroso e depois mucoso) - Dificuldade respiratória com estertores - As aves abanam a cabeça - Cabeça inchada - Espirros - Conjuntivite - Crânios inchados. Sinais menos frequentes: cabeça inchada com artrite - Diarreia - Diminuição da postura dos ovos (10 a 40%). |
| diagnóstico | | Diagnóstico clínico:Sinais respiratórios (estertores + dificuldade respiratória + cabeça inchada + sinusite infra-orbital + conjuntivite). Diagnóstico bacteriológico: Deteção a partir de amostras traqueais em ágar sangue ou ágar chocolate + caraterização bioquímica. PCR + serologia (aglutinação) |
| tratamento | | Antibioticoterapia: Macrólidos (por exemplo, tilosina, tilmicosina); Aminosídeos; Sulfonamidas; Tetraciclinas |
| profilaxia | | Vacinação; Medidas de biossegurança; Eliminação de aves doentes. |

### I.5.1.3 Doenças parasitárias

Este grupo inclui parasitas internos e externos. Entre os parasitas internos, o mais frequente é a **coccidiose**, que se manifesta pela presença de sangue nos excrementos e, na necropsia, por hemorragias no intestino delgado (coccidiose intestinal) e nos cecos (coccidiose cecal). O agente patogénico da coccidiose é um protozoário esporozoário da família Eimeridae do género Eimeria, cuja espécie varia em função da espécie de ave em causa. Nas galinhas, por exemplo, encontramos E. acervulina, E. necatrix, E. maxima, E. brunetti, E. tenella, E. mitis, E. mitavi e E. praecox. Os sintomas que podem ser observados no sujeito são:

- ➢ **O estado geral da galinha;**

- ➢ **Inapetência e perda de peso;**

- ➢ **Diarreia com sangue;**

O diagnóstico clínico é feito através da observação de diarreia sanguinolenta e de lesões hemorrágicas no intestino delgado ou no ceco. Se a doença for confirmada, deve ser administrado um tratamento anticoccidiano (por exemplo, toltrazuril).

Existe uma grande quantidade de parasitas externos ou ectoparasitas das aves de capoeira. Estes incluem

- ➢ **As pulgas são insectos que picam e sugam sangue;**

- ➢ **Os piolhos alimentam-se de detritos tegumentares;**

- ➢ **Os piolhos vermelhos são ácaros hematófagos;**

- ➢ **A sarna, que são ácaros que parasitam os tegumentos;**

- ➢ **As traças são fungos que vivem nos tegumentos.**

O aumento do número de ectoparasitas no galpão causa intenso desconforto para as galinhas e uma queda no desempenho. Os principais sinais da presença de ectoparasitas no aviário são:

- ➢ As galinhas têm tendência a coçar com as patas ou a procurar com o bico os piolhos ou as carraças que lhes sugam o sangue;

- ➢ As galinhas terão de tomar banho constantemente para eliminar os piolhos e as penas ficarão com um aspeto horrível.

- ➢ É frequente vermos bicadas;

- ➢ Verifica-se uma perda de peso e uma diminuição do rendimento produtivo;

- ➢ Os piolhos são visíveis no interior das penas da galinha.

### I.5.1.4 Sinais de deficiência mineral

As galinhas têm necessidades minerais bem definidas que variam consoante o seu estado fisiológico (manutenção, crescimento e produção). Por exemplo, uma galinha em crescimento necessitará de 1% de cálcio (%MS) na sua ração diária, enquanto a mesma galinha na fase de postura necessitará de cerca de 4% de Ca (%MS).

Os problemas de carência de minerais podem ser diagnosticados a vários níveis:

- ➢ Nas cascas de ovo: a casca torna-se quebradiça e, por vezes, até descolorida.

  NB: um excesso de cálcio na ração pode ser visto como manchas brancas na casca.

- ➢ No esterno (o osso que separa o osso da cintura em dois): este osso deforma-se em forma de "C" ou "S";

As carências minerais podem ser remediadas através da adição de minerais à água ou à ração, através da formulação de uma ração equilibrada em minerais e adaptada à idade e à produção das galinhas.

### I.5.2 PROFILAXIA NAS EXPLORAÇÕES DE GALINHAS POEDEIRAS

A profilaxia pode ser definida como o conjunto das técnicas ou medidas a adotar para evitar que a doença se instale ou mesmo se propague. Assim, as medidas de profilaxia consistirão no respeito das normas de construção, na desinfeção do local de criação, no estabelecimento de um protocolo de controlo das entradas e saídas da exploração e na vacinação dos animais contra as patologias presentes na zona de criação.

### I.5.2.1 Impacto do cumprimento das normas de construção dos edifícios pecuários

Existem certas normas para a construção de edifícios para a criação de galinhas poedeiras que promovem o bem-estar das aves. A escolha do local e do tipo de edifício ajudará ou evitará o aparecimento de certas doenças. Um local afastado do ruído da cidade reduzirá o stress dos animais. Um edifício bem ventilado evitará o aparecimento de odores, o que também ajudará a reduzir o stress e as doenças respiratórias. Em suma, se as normas de construção forem respeitadas, as galinhas ficarão menos stressadas e, por conseguinte, menos doentes.

## I.5.2.2 Desinfeção e vácuo sanitário

A desinfeção dos edifícios pecuários implica a sua lavagem e a utilização de produtos químicos para erradicar os germes presentes. As substâncias utilizadas para desinfetar os edifícios são geralmente bactericidas, virucidas e fungicidas. Existem também moléculas com um amplo campo de ação que actuam sobre uma vasta gama de micróbios.

Para além de eliminar os micróbios presentes, o local terá também de ser desratizado, uma vez que os ratos não só desperdiçam alimentos como são também uma importante fonte de agentes patogénicos.

## I.5.2.3 Controlo das entradas e saídas da exploração

Para reduzir o risco de propagação de doenças na exploração, todas as pessoas e veículos que entram na exploração devem seguir um protocolo de desinfeção. Quando a exploração é construída, deve ser previsto um SAS. O SAS é o local onde o pessoal da exploração deve limpar-se, mudar de roupa e vestir a roupa de trabalho antes de entrar na zona de criação. Todos os empregados devem calçar botas e mergulhá-las no pedilúvio à entrada dos edifícios de criação. O SAS não será apenas para os empregados, mas todos os visitantes da exploração devem também passar por ele, desinfetar as mãos e vestir roupa nova antes de entrar na zona de criação.

## I.5.2.4 Vacinação para prevenir doenças

A vacinação é um método que consiste na introdução de um agente patogénico morto ou atenuado, ou mesmo de um fragmento do agente patogénico, no organismo do animal, a fim de provocar uma resposta imunitária que consiste no reconhecimento do agente patogénico pelo sistema imunitário e na produção de anticorpos de memória que reagirão rapidamente em caso de um ataque real deste agente patogénico no futuro.

Em geral, as doenças contra as quais se vacina são aquelas que são recorrentes na zona de criação. Em África, são vacinadas as seguintes doenças:

> ➢ Doença de Marek, vacinados no centro de incubação;

> ➢ Doença de New Castle;

> ➢ Doença de Gumboro;

> ➢ Bronquite infecciosa;

- ➤ Pasteurelose;

- ➤ Colibacilose;

- ➤ Varíola;

- ➤ Encefalomielite aviária;

- ➤ Corysa;

- ➤ Síndrome da queda da postura dos ovos ou SDE.

Existem vários métodos para administrar estas vacinas.

### I.5.2.4.1 Métodos de vacinação em massa

Como o nome indica, as galinhas serão vacinadas em massa. Existem dois tipos principais: a vacinação na água de bebida e a vacinação por nebulização.

### I.5.2.4.1.1 Vacinação na água potável

Neste método, a vacina é diluída em água e servida aos animais. Devem ser tomadas várias medidas de precaução para garantir o êxito da vacinação.

Em primeiro lugar, a vacina deve ser transportada numa caixa frigorífica para manter a temperatura de conservação recomendada.

As galinhas a vacinar devem ter sede durante duas horas antes da vacinação. É de notar que só devem ser vacinados animais saudáveis. E este método de vacinação só se aplica a galinhas com sete dias ou mais.

A vacina deve ser diluída em água potável que não contenha desinfectantes ou detergentes. A água de nascente ou de poço que não tenha sido tratada quimicamente é a ideal.

A solução de vacina deve ser servida em bebedouros limpos, sem vestígios de lixívia ou detergente. É de notar que toda a vacina deve ser consumida no prazo de duas horas após a diluição, após o que a vacina deixará de ser eficaz. Por conseguinte, é necessário prever bebedouros suficientes para todos os animais e calcular uma quantidade de água que possa ser consumida no prazo de duas horas. Esta quantidade representa geralmente 25 a 30% do consumo diário das galinhas.

Se insistimos em que a água utilizada não deve conter quaisquer vestígios de desinfetante, é simplesmente porque a vacina utilizada é uma vacina viva, e o princípio de uma vacina viva é que os microrganismos que causam a doença são utilizados no seu fabrico. Estes micróbios são atenuados e, por conseguinte, já não são virulentos, pelo que já não podem causar a doença. Quando administrados a indivíduos saudáveis, serão reconhecidos pelo sistema imunitário do animal, que produzirá então anticorpos de memória capazes de atuar no caso de um ataque real no futuro. Por conseguinte, é fácil compreender que, se for utilizada água com desinfetante, a vacina será destruída e os animais não serão vacinados. Se houver dúvidas quanto à qualidade da água, pode adicionar-se-lhe um neutralizador de cloro.

### I.5.2.4.1.2 Vacinação por nebulização ou pulverização

Neste método, a vacina é sempre diluída em água que não contém desinfetante. A nebulização é uma técnica que envolve a pulverização de uma vacina num edifício fechado. Os indivíduos são vacinados respirando o ar que contém a vacina. As gotículas devem ser finas e de tamanho homogéneo para induzir uma boa vacinação e evitar uma reação à vacina. Existem vários tipos de dispositivos de gotículas calibrados para este fim:

- **Nebulizadores de mochila;**

- **Nebulizadores de mão;**

- **Carrinhos para as gaiolas.**

É importante verificar se todos os tipos de máquinas estão em boas condições de funcionamento antes de preparar as vacinas, para evitar problemas como uma bateria descarregada ou um bico danificado depois de as vacinas se terem dissolvido.

A manutenção é um fator-chave na nebulização, pelo que há várias razões para manter o seu equipamento em boas condições:

- **Evitar o entupimento dos bicos e o risco de fornecer gotas heterogéneas;**

- **Evitar a formação de bolores ou de outras bactérias no aparelho que possam contaminar os animais;**

- **Evitar a transmissão de doenças de uma cultura anterior para a nova cultura;**

- **Evite utilizar quaisquer produtos químicos no dispositivo que possam destruir a vacina;**

> **Evitar avarias e problemas de bateria fraca durante a vacinação.**

Após a vacinação, limpar sempre o aparelho com água de nascente e guardá-lo num local limpo e sem pó.

### I.5.2.4.2 Métodos de vacinação individual

A caraterística especial destes métodos é que cada indivíduo recebe a sua dose de vacina individualmente. Por conseguinte, todos os indivíduos receberão a mesma dose. Existem várias vias de vacinação:

### I.5.2.4.2.1 Colírio para os olhos, gotas para o bico e gotas nasais

Este método é aplicado utilizando um conta-gotas calibrado, geralmente um frasco de 30 ml capaz de administrar 1.000 gotas. A técnica consiste em colocar uma gota de vacina no bico, na passagem nasal ou no globo ocular. Este método é utilizado para a primeira vacinação com vacinas vivas, como a Gumboro ou a New Castle. Permite desenvolver a imunidade local e geral, especialmente tendo em conta a presença da glândula de Harderian atrás da terceira pálpebra. Pode ser combinada com uma vacina injetável.

### I.5.2.4.2.2 Injecções subcutâneas e intramusculares

Este método é geralmente utilizado com vacinas inactivadas em indivíduos com mais de cinco semanas de idade. É utilizada uma seringa automática e, no caso das vacinas intramusculares, a vacina pode ser administrada ao nível do músculo peitoral. As doses administradas são geralmente entre 0,3 e 0,5 ml por indivíduo.

### I.5.2.4.2.3 Transfixação com balão

Este método é utilizado para a vacina viva contra a varíola. Normalmente, é utilizada uma agulha de canelura dupla para transfixar a membrana da asa da galinha. Esta agulha dupla é embebida na solução de vacina antes de cada transfixação.

# CAPÍTULO II ESTUDO COMPARATIVO DE DUAS ESTRUTURAS DE PONDEUS: LOHMANN BROWN E NORVOGEN BROWN

## II.1 Apresentação da exploração

A exploração agrícola onde realizámos os nossos estudos situa-se no oeste dos Camarões, no departamento de Mifi. Esta localidade tem um clima equatorial do tipo camaronês de altitude, caracterizado por uma estação das chuvas de meados de março a meados de novembro e uma estação seca de meados de novembro a meados de março.

O edifício utilizado para o arranque dos pintos é um edifício de produção de ovos que será modificado para satisfazer as necessidades dos pintos na fase de arranque. Esta técnica de modificação dos edifícios de produção com recurso a telas de plástico (foto 4) é muito comum nos Camarões, pois são muito poucos os agricultores que dispõem de uma exploração de criação de pintos que satisfaça as normas de criação de pintos.

**Foto 4:** Edifício encerrado com uma cobertura de plástico.

## II.2 Equipamento e metodologia para a instalação do viveiro

## II.2.1 Equipamento utilizado

Para este estudo comparativo das duas estirpes, Norvogen e Lohmann, criadas no Oeste dos Camarões, os edifícios de produção de poedeiras foram modificados para criar o microclima de que os pintos necessitam durante a fase de arranque. Estas modificações incluem o fecho das aberturas laterais dos edifícios com folhas de plástico para concentrar o calor no edifício.

O gradeamento do edifício com bambu e contraplacado permite-nos concentrar o aquecimento em zonas específicas, reduzir os longos movimentos dos pintos, que desperdiçam energia e provocam perda de peso, e, por último, este gradeamento também reduz a concorrência, pois dá a impressão de que estamos a gerir vários pequenos lotes. Os fornos a lenha, ainda conhecidos como brulots, eram utilizados como fonte de calor nos edifícios.

## II.2.2 Tecnologia de aquecimento ambiente

Para aumentar a temperatura ambiente nas nossas salas para o nível recomendado pela norma, de acordo com a idade dos pintos, utilizámos fornos de ferro a lenha, também conhecidos como fornos a lenha, que são barras de ferro cortadas em duas partes e reforçadas com pernas de ferro. A lenha era utilizada como combustível no interior destes fornos.

Nas horas mais frias do dia, os fornos eram ligados para aumentar a temperatura. Quando estava muito sol, os fornos eram desligados e as lonas levantadas para permitir a circulação do ar e manter a temperatura a um nível adequado. A fotografia 5 mostra um fogão a lenha.

**Foto 5:**Forno a lenha ou brulot

## II.3- Densidade de criação dos pintos

[2]Os pintos LOHMANN BROWN CLASSIC fornecidos pela SPC (Société des Provenderies du Cameroun) e os pintos NORVOGEN BROWN fornecidos pela SKAB Elevage foram instalados nos edifícios A e B a uma densidade de 28 pintos por m durante as 3 primeiras semanas. Na quarta semana, alguns dos pintos foram transferidos para outros edifícios a uma densidade de 16 pintos/m². [ième2]No final das 10 semanas, as galinhas foram transferidas para os outros edifícios para uma densidade final de 8 galinhas por m .

## II.4 Alimentadores utilizados

Como não dispúnhamos de tabuleiros para pintos, utilizámos as caixas de cartão em que os pintos chegaram no primeiro dia, que nos demos ao trabalho de cortar à medida (ver foto 6) e que utilizámos como comedouros de primeira idade até aos vinte e um (21) dias de idade, com uma densidade de 50 pintos por comedouro. Passámos então a utilizar comedouros lineares de madeira e tabuleiros de sifão adaptados à sua idade. A partir das nove (09) semanas de idade, começámos a introduzir os comedouros da terceira idade, que serão utilizados durante a postura.

**Foto 6:**Comedouro para pintos em cartão

## II.5 Alimentação eléctrica

### II.5.1- Produção de alimentos para pintos

A ração utilizada foi formulada com VIAL France Premix 2,5% e outros ingredientes ricos em nutrientes, respeitando as necessidades dos pintos de acordo com a sua idade e peso. Assim, tivemos:

> **Fontes de energia:** milho, farelo de trigo;

> **Fontes de proteínas:** pré-mistura VIAL2,5% e bagaços de soja, algodão e amendoim;

> **Fontes minerais:** pó de osso calcinado e concha marinha;

> **Vitaminas e antitoxinas.**

Por isso, preparámos a nossa própria comida utilizando o triturador-misturador, que tritura e mistura os ingredientes de forma normalizada.

### II.5.2- Sistema de alimentação eléctrica

Utilizámos um sistema de alimentação dividido, com os pintos a serem alimentados três vezes por dia para estimular o consumo de ração:

> **Às 7h30 da manhã**, os comedouros foram limpos e 2/4 da ração total foi servida;

> **Às 12h00** voltámos para mexer a ração e servir 1/4 da ração total;

> **Por volta das 14h30 ou 15h00**, foram servidos os restos de 1/4 da comida do dia.

Durante as três primeiras semanas, a água contendo uma multivitamina (Maxi Layer) e um hepatoprotector (Heparenol) foi servida todas as manhãs antes das 6 horas e renovada às 14 horas.

## II.6 Desempenho zootécnico dos pintos e frangas

### II.6.1 Quadro recapitulativo do desempenho zootécnico

| IDADE | Peso vivo (em g) | | Consumo de ração (g/p/d) | | Consumo total de alimentos (em g) | | Mortalidade semanal | |
|---|---|---|---|---|---|---|---|---|
| | lohmann | norvogénio | lohmann | norvogénio | lohmann | Norvogen | %Lohmann | %Norvogénio |
| 01 | 60,4 | **65,5** | 9,1 | **9,29** | **63,7** | 65,03 | 1,15 | 1,6 |
| 02 | 97,07 | **87,3** | 16,7 | **15,25** | **180,6** | 171,78 | 0,31 | 0,16 |
| 03 | 154,12 | **158,7** | 21,21 | **23,96** | **329,07** | 339,5 | 0,067 | 0,1 |
| 04 | 224,5 | **205** | 29,73 | **23,63** | **537,18** | 504,91 | 0,061 | 0,11 |
| 05 | 295 | **272,3** | 26,97 | **28,85** | **725,97** | 706,86 | 0,077 | 0,1 |
| 06 | 439 | **353,5** | 39,37 | **37,66** | **1001,56** | 970,48 | 0,061 | 0,39 |
| 07 | 527,5 | **446,4** | 45,32 | **44,47** | **1318,8** | 1281,77 | 0,46 | 0,28 |
| 08 | 595 | **538,1** | 52,91 | **42,6** | **1689,17** | 1579,97 | 0,31 | 0,21 |
| 09 | 679 | **608,9** | 45,36 | **42,56** | **2006,69** | 1877,89 | 0,041 | 0,21 |
| 10 | 783,6 | **679,6** | 56,6 | **54,05** | **2402,89** | 2256,24 | 0,49 | 0,18 |
| 11 | 863 | **802,3** | 51,8 | **57,7** | **2765,49** | 2660,14 | 0,23 | 0,35 |
| 12 | 960 | **871** | 77,6 | **52,41** | **3308,69** | 3027,01 | 0,02 | 0,1 |
| 13 | 1087 | **945,7** | 59,3 | **60,91** | **3723,79** | 3453,38 | 0,041 | 0,51 |
| 14 | 1142 | **1037,2** | 66,89 | **59,35** | **4191,81** | 3847,62 | 00 | 0,06 |
| 15 | 1196 | **1114,5** | 60,2 | **65,07** | **4613,21** | 4303,11 | 0,005 | 0,06 |
| 16 | 1252 | **1213,5** | 63,9 | **67,98** | **5060,51** | 4778,97 | 0,02 | 0,028 |
| 17 | 1379 | **1273,4** | 71,24 | **71,04** | **5559,19** | **5276,25** | 0,159 | 0,028 |
| 18 | 1549 | **1279,9** | 80,98 | **63,92** | **6126,05** | **5723,69** | 0,01 | 0,076 |
| 19 | 1484,43 | **1394,8** | 92,9 | **76,02** | **6776,35** | **6255,83** | 0,051 | 0,042 |

## <u>COMENTÁRIO</u>

O consumo alimentar dos sujeitos foi registado todas as noites, com base no número de sacos de 50 kg servidos. Os pesos foram registados todos os fins-de-semana. Foram pesadas 200 galinhas com uma balança eletrónica com uma precisão de cinco gramas (5g).

Podemos assim constatar que o consumo de ração e o peso vivo das duas estirpes de galinhas estão a aumentar. Constatamos também que, em algumas semanas, o consumo de ração foi baixo. Os factores que afectam o consumo de ração e, consequentemente, o aumento de peso são

> O stress associado ao tratamento dos temas;

> Patologias;

➤ Qualidade dos alimentos;

➤ Factores endógenos como a estirpe (algumas estirpes consomem mais alimentos);

➤ A temperatura ambiente (quanto mais quente for, menos as galinhas comem).

No final da semana 19, a taxa de mortalidade cumulativa da estirpe castanha de Lohmann (3,56%) era inferior à da estirpe castanha de Norvogen (4,59%). Este facto indica uma maior viabilidade da estirpe castanha de Lohmann.

## II.6.2 Curva de consumo alimentar para as duas estirpes

O consumo de ração das galinhas foi avaliado no final de cada semana e foi calculada a média do consumo diário de cada galinha. A figura 1 abaixo mostra a comparação entre o consumo diário de ração da estirpe LOHMANN BROWN e o da estirpe NORVOGEN BROWN.

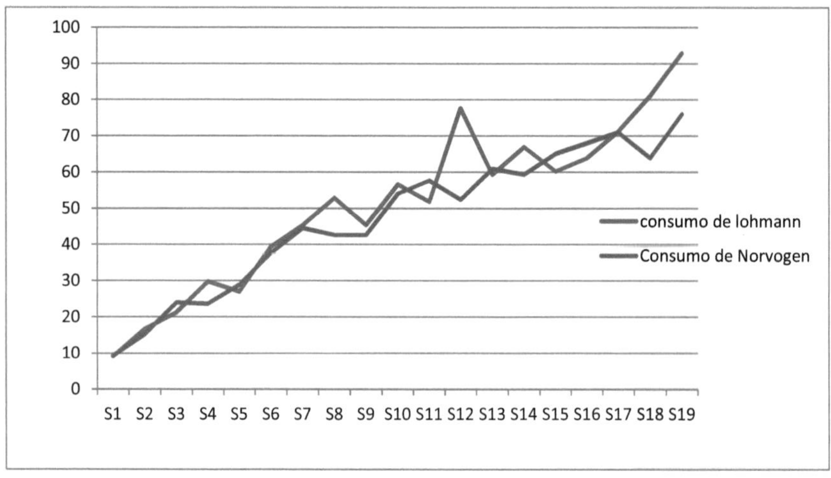


**FIGURA 1**: **Curva comparativa do consumo alimentar**

## COMENTÁRIO

De um modo geral, o consumo das duas estirpes aumentou. Notamos também que a curva de consumo da estirpe castanha de Lohmann foi mais elevada do que a da estirpe castanha de Norvogen durante a maior parte do tempo (1 a 2 semanas; 6 a 11 semanas; 12 a 15 semanas e no final 17 a 19 semanas), o que mostra que a estirpe castanha de Lohmann consumiu mais alimentos do que a estirpe castanha de Norvogen durante a fase de criação na maternidade.

## II.6.3 Alterações do peso vivo das duas estirpes

A figura 2 mostra uma comparação entre o peso vivo da castanha de Lohmann e da castanha de Norvogen.

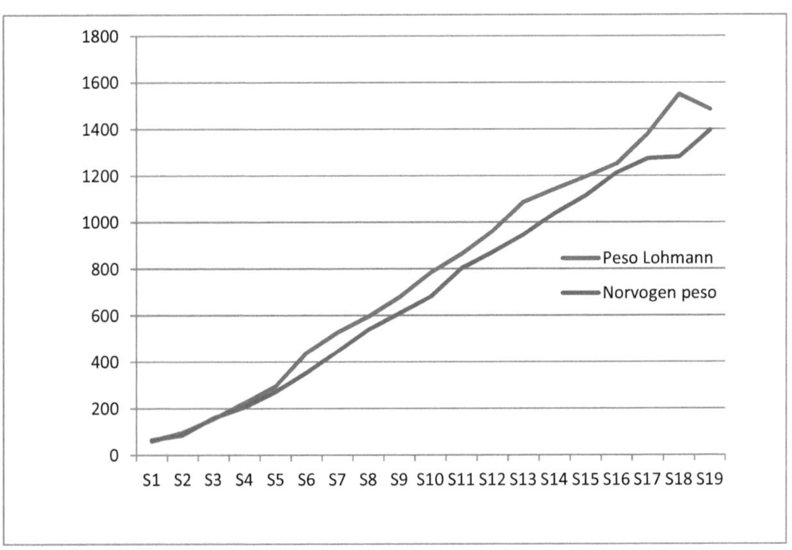


**FIGURA 2** Curva de peso vivo

## COMENTÁRIO

A figura 2 mostra que a curva de peso vivo da estirpe castanha de Lohmann foi mais elevada do que a da estirpe castanha de Norvogen durante todo o período de criação, da semana 1 à semana 19. Isto significa que a linhagem castanha de Lohmann tinha um peso melhor do que a linhagem castanha de Norvogen. A figura 1 já mostrava um maior consumo de alimentos na linhagem castanha de Lohmann. O maior consumo de ração dos pintos da linhagem castanha de Lohmann resultou num peso mais elevado na figura 2, pelo que é evidente que quanto mais próximo da norma for o consumo de ração dos pintos, melhor será o seu peso.

# CONCLUSÃO

O principal objetivo do presente documento é descrever a forma como os pintos das galinhas poedeiras são criados nos Camarões e fornecer informações sobre o desempenho zootécnico de duas estirpes de galinhas poedeiras. O objetivo é ajudar os produtores de ovos de mesa a escolher as estirpes que lhes serão mais vantajosas em termos dos seus objectivos de produção. Com este objetivo em mente, comparámos o desempenho em termos de crescimento de duas estirpes de poedeiras (Lohmann brown e Norvogen brown) criadas nos Camarões Ocidentais. Os resultados mostraram que o consumo de ração e os pesos semanais da estirpe Lohmann foram mais elevados do que os da estirpe Norvogen durante todo o período de criação. Às 19 semanas, a taxa de mortalidade da estirpe Lohmann atingiu 3,5% (ou seja, uma viabilidade de 96,5%) e a da Norvogen atingiu 4,4% (a norma para a mortalidade na fase de criação situa-se entre 2% e 3%). Estes parâmetros são importantes para determinar a adaptabilidade de uma estirpe num determinado ambiente, permitindo aos produtores escolher a estirpe mais adequada aos seus objectivos de produção. Para uma maior certeza na escolha da estirpe a utilizar na região ocidental dos Camarões, serão efectuados novos trabalhos sobre o desempenho de postura destas duas estirpes nas condições de criação desta região.

# BIBLIOGRAFIA

- FICHE-UCSC-ZOOT-Lignes guides l'élevage familial de poules pondeuses final vision17012015

- Guia para a criação de poedeiras comerciais-NOVOgen BROWN.

- Guia de criação Lohmann Brown Classic

- Mansouri S., 2009. Comparaison des performances zootechniques entre deux souches de poules pondeuses (ISA Brown et LHOMANN Brown) au niveau de l'O.R.A.V.I.O . Mémoire présenté en vue de l'obtention du diplôme d'ingénieur agronome à l'université de Ibn Khaldoun de Tiaret. 58p

Printed by Books on Demand GmbH, Norderstedt / Germany